BEI GRIN MACHT SICH IHR WISSEN BEZAHLT

- Wir veröffentlichen Ihre Hausarbeit,
  Bachelor- und Masterarbeit

- Ihr eigenes eBook und Buch -
  weltweit in allen wichtigen Shops

- Verdienen Sie an jedem Verkauf

Jetzt bei www.GRIN.com hochladen
und kostenlos publizieren

Anna Reithmeir

Welche Auswirkungen hat HIT-Training auf die Laktatkonzentration im Blut?

Effektivität von High-Intensity-Training im Ausdauersport

GRIN Verlag

Bibliografische Information der Deutschen Nationalbibliothek:

Die Deutsche Bibliothek verzeichnet diese Publikation in der Deutschen National-
bibliografie; detaillierte bibliografische Daten sind im Internet über http://dnb.d-
nb.de/ abrufbar.

Impressum:

Copyright © 2012 GRIN Verlag, Open Publishing GmbH
Druck und Bindung: Books on Demand GmbH, Norderstedt Germany
ISBN: 978-3-656-31127-0

Dieses Buch bei GRIN:

http://www.grin.com/de/e-book/197178/welche-auswirkungen-hat-hit-training-auf-
die-laktatkonzentration-im-blut

Welche Auswirkungen hat HIT- Training auf die Laktatkonzentration im Blut?

Facharbeit

Im Grundkurs Biologie

Jahrgangsstufe 11

Schuljahr 2011/2012

Impressum:

Anna Reithmeir

Inhaltsverzeichnis

1. Abstract

The following text is dealing with the effect of one week of high-intensity-training (HIT-training) on the concentration of lactate in human blood. In order to analyze and interpret the effect, I took blood samples of five male triathletes and examined them. By comparing the concentration of lactate before and after one week of high-intensity-training it becomes clear that this type of training has a positive effect on the endurance of runners.

2. Einleitung

Im Leistungssport ist es wichtig, eine möglichst hohe Leistung aufzuweisen und diese über einen gewissen Zeitraum hinweg zu steigern. Leistung setzt sich aus fünf motorischen Formen zusammen: Flexibilität, Kraft, Schnelligkeit, Koordination und Ausdauer. Je nach Sportart variiert der Schwerpunkt (DICKHUTH et al., 2007). Ich mache seit knapp zweieinhalb Jahren Triathlon beim SSF-Bonn. Hier stehen in erster Linie Ausdauer und Schnelligkeit im Vordergrund, worauf unser Trainingsplan basiert. Meine Trainingsgruppe besteht überwiegend aus Leistungssportlern, die regelmäßig an Wettkämpfen teilnehmen und fast täglich trainieren. Etwa alle drei Monate findet eine Woche lang ein sogenanntes „High-Intensity-Training" (HIT-Training) statt, das ich im Laufe dieses Textes noch genauer erläutern werde. Mithilfe meines Trainers habe ich vor und nach einer HIT-Woche Blutproben von einigen Sportlern entnommen und den jeweiligen Laktatwert im Blut bestimmt. Dadurch lassen sich die Veränderungen der Laktatbildung durch sieben Tage HIT-Training feststellen. Dies ist eine bekannte Form der Leistungsdiagnostik. Anhand dieser Werte können Rückschlüsse auf die Effektivität des Trainings und dessen Auswirkung auf die Ausdauer- sowie Leistungsfähigkeit von Sportlern gemacht werden. Zur Unterstützung der Ergebnisse habe ich ebenfalls die Herzfrequenz der einzelnen Probanden gemessen.

Im folgenden Text werden die sportmedizinischen Hintergründe sowie die biochemischen Vorgänge erklärt und auf trainingswissenschaftliche Methoden wie Leistungsdiagnostik oder HIT-Training eingegangen. Die Informationen habe ich Lehrbüchern und Sachbüchern entnommen.

2.1 Meine Hypothese

Da das HIT-Training in erster Linie die maximale Sauerstoffaufnahme erhöht, wie im weiteren Verlauf des Textes deutlich wird, vermute ich, dass sich das HIT-Training positiv auf die Ausdauerfähigkeit eines Sportlers auswirkt. Außerdem vermute ich, dass der Laktatgehalt im Blut bei derselben Belastung nach der HIT-Trainingswoche geringer ist und die Laktatproduktion später einsetzt als vor dem HIT-Training. Aus den Ergebnissen des Bluttests kann man eine Laktat-Kurve erstellen, die den jeweiligen Laktatwert pro Leistungsstufe angibt.

Ich stelle mir vor, dass die Laktat-Kurve der zweiten Messung jedes einzelnen Sportlers im Vergleich zu der Laktatkurve der ersten Messung später zu steigen beginnen und flacher verlaufen wird.

Dieser Hypothese werde ich im Folgenden nun nachgehen. Zuerst werde ich auf die biochemischen Vorgänge im Körper eingehen und anschließend die Durchführung und Ergebnisse der Messreihen darlegen. Ausgehend davon werden die Messergebnisse in Hinblick auf die Effektivität des Trainings interpretiert.

3. Energiestoffwechsel im Organismus

3.1 Der Energiestoffwechsel

Sobald ein Mensch körperliche Leistung verrichtet, benötigt er Energie zur Kontraktion der Muskulatur. Für diese Energiebereitstellung sind energiereiche Phosphate zuständig. Die wichtigsten dieser Phosphate sind Adenosintriphosphat (ATP) und Kreatinphosphat. Sie dienen als Energiespeicher, die die Energie aufnehmen, welche beim oxidativen Abbau von Nährstoffen frei wird (NEUMANN, 1999). 1941 hat LIPMANN festgestellt, dass ATP als universeller Energielieferant der Zellen dient. Der ATP-Speicher befindet sich in den Mitochondrien und gibt seine Energie direkt ab. Allerdings ist er sehr begrenzt und bereits nach wenigen Muskelkontraktionen vollständig entleert (NEUMANN, 1998). Weiterhin gibt es den Kreatinphosphat-Speicher, welcher zwar größer als der ATP-Speicher ist, aber ebenfalls schnell entleert ist. Er liefert nur indirekt Energie, indem er mithilfe des Enzyms Kreatinkinase das ATP resynthetisiert (LÖFFLER et al., 2007).

Da man bei sportlicher Tätigkeit aber eine körperliche Leistung über einen längeren Zeitraum hinweg verrichtet, sind nun chemische Reaktionen notwendig um weiteres ATP zu bilden, das dann den Muskeln zur Verfügung steht. Diese Reaktionen werden „biologische Oxidation" genannt.

Bei der biologischen Oxidation wird hauptsächlich auf Glucose und Fettsäuren zurückgegriffen (LÖFFLER et al., 2007). Sie erfolgt schrittweise, produziert energiearme oder energiefreie Produkte und die dabei freiwerdende Energie wird in Form von ATP oder Kreatinphosphat gespeichert. Die biologische Oxidation kann entweder aerob oder anaerob erfolgen.

Sowohl bei Kontraktion, wie auch bei Relaxation der Muskulatur finden hydrolytische Reaktionen statt, die ATP zu Adenosindiphosphat (ADP) abbauen (LÖFFLER et al., 2007). Um Energie zu gewinnen muss erneut im Körper ATP hergestellt werden. Der Ausgangsstoff zur Bildung von ATP ist das Glycogen, in dessen Form Glucose in Muskeln und Leber gespeichert wird. Zunächst erfolgt die Glycogenolyse, in der Glycogen durch Phosphatanlagerung gespalten und durch enzymatische Reaktionen zu Glucose verarbeitet wird. Im nächsten Schritt, der Glycolyse, wird der nun vorhandenen Glucose im Sarkoplasma Phosphat hinzugefügt und diese zu Pyruvat (Brenztraubensäure) abgebaut. Hierbei entstehen 4 Moleküle ATP, wovon jedoch 2 Moleküle zur Aktivierung weiterer Reaktionen verwendet werden, sodass sich insgesamt 2 Moleküle ATP pro Glucosemolekül als Energiegewinn ergeben (MAREES, 1996). Weiterhin werden pro Glucosemolekül 4 H^+-Atome auf 2 NAD^+ übertragen, wodurch 2 $NADH + 2H^+$ gebildet werden. Bis zu diesem Punkt wird kein Sauerstoff benötigt und sowohl die anaerobe, als auch die aerobe Energiegewinnung laufen soweit identisch ab.

Die vorhandene Menge von Sauerstoff in der lokalen Muskulatur entscheidet nun darüber, ob die weitere Energieversorgung anaerob oder aerob verläuft (MAREES, 1996). Diese beiden Prozesse werde ich in den folgenden Abschnitten genauer erläutern.

3.2 Aerobe Energiebereitstellung

Ist genügend Sauerstoff in den Muskelzellen vorhanden, erfolgt die Energiebereitstellung aerob unter Sauerstoffverbrauch. Dieser Vorgang findet in den Mitochondrien statt und erfolgt durch die Bildung von aktivierter Essigsäure, und dann mit der Hilfe des Zitronensäurezyklus und der Atmungskette.

Das in den Muskelzellen vorhandene Pyruvat kann jedoch nicht direkt für die aerobe Oxidation verwendet werden, sondern muss zuerst durch Decarboxilierung und Dehydrierung zu Acetyl-CoA (aktivierte Essigsäure) verarbeitet werden (MAREES, 1996). Hierbei wird das CO_2 abgespalten und es werden 2 H^+-Atome abgetrennt und auf das NAD^+ übertragen. Nun wird die Acetyl-CoA in dem bereits von KREBS im Jahr 1937 beschriebenen Zitronensäurezyklus[1] abgebaut, wobei weitere 2 Moleküle ATP gebildet und in die sogenannte Atmungskette eingeleitet werden. Diese besteht aus elektronenübertragenden Proteinen, die den zuvor entzogenen Wasserstoff auf den Sauerstoff übertragen, wobei sowohl eine Oxidation als auch eine Reduktion stattfindet. Hierbei entstehen pro 1 Molekül Glucose 26 Moleküle ATP.

Insgesamt werden bei dieser Art der Energiebereitstellung pro 1 Molekül Glucose 36 Moleküle ATP aus 36 Molekülen ADP und Phosphat synthetisiert (MAREES, 1996). Bei maximaler Intensität deckt die aerobe Energiebereitstellung ca. 2-3 Sekunden lang den Energiebedarf (DICKHUTH et al., 2007).

3.3 Anaerob-alaktazide Energiebereitstellung

Sobald der Sauerstoffgehalt in der momentan aktiven Muskulatur zu niedrig ist, um die Energieversorgung weiterhin aerob zu betreiben, setzt die anaerobe Energiebereitstellung ein. Faktoren hierfür sind beispielsweise zu geringe Aufwärmarbeit und somit unzureichende Durchblutung der Muskulatur (MAREES, 1996). Zudem ist diese Art der Energiebereitstellung ebenfalls für plötzlich notwendige, maximale Muskelleistung zuständig, um einen Übergang von der aeroben zur vollständig anaeroben Biosynthese herzustellen. Dadurch wird die zu diesem Zeitpunkt sonst aussetzende Energieproduktion aufrecht erhalten.

Der vorhandene ATP-Speicher ist schon durch die aerobe Oxidation schnell entleert und wird durch das sogenannte Kreatinphosphat ersetzt. Da aber auch der Kreatinphosphat-Speicher begrenzt ist, findet die anaerob-alaktazide Energiebereitstellung nur innerhalb der ersten 5-8 Sekunden der körperlichen Belastung statt (DICKHUTH et al., 2007). Kreatinphosphat ist somit der entscheidende Stoff für die Aktivierung der Muskelarbeit, beispielsweise bei Sprints (NEUMANN,

---

[1] Hierfür erhielt KREBS einen Nobelpreis für Physiologie und Medizin im Jahr 1953.

1999). Sobald der Speicher aufgebraucht ist, wie es bei Ausdauersport der Fall ist, wird die benötigte Energie anaerob-laktazid produziert.

Bei der Resynthese von ADP zu ATP tritt die sogenannte Lohmann-Reaktion ein (DICKHUTH et al., 2007), bei der ADP mit Kreatinphosphat zu ATP und Kreatin reagiert, d. h

$$ADP + Kreatinphosphat \leftrightarrow ATP + Kreatin$$

Das hierbei wirkende Enzym ist die Kreatinphosphokinase. Da der Muskel einen leicht säuerlichen Ph-Wert aufweist (NEUMANN, 1999), liegt das Gleichgewicht dieser Reaktion mehr bei der ATP-Bildung, was bedeutet, dass mehr ATP gebildet als gespalten wird (LÖFFLER et al., 2007).

3.4 Anaerob-laktazide Energiebereitstellung

Nach DICKHUTH et al. (2007) ist die anaerob-laktazide Energiebereitstellung als Abbau von Kohlenhydraten über Pyruvat zum Laktat ohne die Beanspruchung auf Sauerstoff zu verstehen. Sie findet unmittelbar in den Myofibrillen der Muskelzellen statt. Bis hin zur Bildung von Pyruvat verläuft sie identisch mit der aeroben Energiebereitstellung. Es gibt primär zwei Gründe für das Einsetzen einer Laktat-bildenden Energiegewinnung: Sie tritt entweder wegen O_2-Mangel in den lokalen Muskelzellen oder aufgrund eines Überschusses an Pyruvat auf, da die Glycolyse nur unter der Reduktion von Pyruvat zu Laktat weiter ablaufen kann (DICKHUTH et al., 2007).

Allgemein gesagt findet nun eine Glycolyse statt, die ohne Sauerstoff auskommt. Hierbei wird das H^+-Molekül des $NADH+H^+$ auf das Pyruvat übertragen, wobei als Endprodukte Laktat und NAD^+ entstehen. Die Reduktion zu Laktat an sich produziert keine Energie, allerdings ist die Produktion von NAD^+ nötig, um den weiteren Verlauf der Glycolyse möglich zu machen. Laktat ist ein sehr energiereicher Stoff, der aber nicht direkt energetisch verwendbar ist. Vielmehr wird es in das Blut abgegeben und an andere Organe wie das Herz oder die Leber weitergeleitet (DICKHUTH et al., 2007). Insgesamt entstehen aus 1 Molekül Glucose 2 Moleküle ATP und 2 Moleküle Laktat (MAREES, 1996). Somit ist die anaerob-laktazide Energiebereitstellung weitaus weniger ergiebig als die aerobe Energiebereitstellung.

Weil bei meinen Messungen die Laktatbildung entscheidend ist, steht die anaerob-laktazide Energiebereitstellung im Mittelpunkt. Ausschließlich durch sie wird Laktat produziert.

3.5 Laktate

Laktate sind die Salze und Ester der Milchsäure. Sie entstehen bei der anaeroben-laktaziden Oxidation als Endprodukt. Die erste Theorie, dass die Bildung von Laktat mit Muskelkontraktion einhergeht, stammt von FLETCHER und HOPKINS aus dem Jahr 1907 (KEUL et al., 1969). WATKINS fand 1986 heraus, dass ungefähr 70-90% des produzierten Laktats als Energielieferant dienen. 50% davon werden an die aktiven Muskeln weitergegeben, 15% an die Herzmuskulatur und die inaktiven Muskeln und weitere 15% werden in der Leber wiederum zu Glucose verarbeitet (MAREES, 1996). Ein Teil des Laktats gelangt schon während der Belastung ins Blut und Muskel- und Blutlaktat unterscheiden sich immer um ca. 1-3 mmol/L (NEUMANN, 1998).

Da Laktat ein saurer Stoff ist und den Ph-Wert im Muskel deutlich sinken lässt, löst eine hohe Laktatkonzentration eine Übersäuerung des Muskels aus, was zu Ermüdung der Muskulatur führt (MAREES, 1996) und somit die Leistung hemmt.

4. Training

Durch regelmäßiges Training soll die Ausdauer gesteigert und die Schnelligkeit verbessert werden. Training beeinflusst die biologischen Vorgänge in der Muskulatur und kann die Energiespeicher enorm vergrößern, wodurch die Leistung verbessert wird. In den folgenden Abschnitten wird der Begriff Ausdauer definiert und auf die während den Versuchen absolvierte Trainingsform eingegangen.

4.1 Ausdauer

Nach DICKHUTH et al. (2007) wird Ausdauer als die Fähigkeit bezeichnet, eine physische Leistung über einen längeren Zeitraum hinweg erbringen zu können. Ausdauer ist im Bereich des Sports eine der wichtigsten Grundlagen. Vor allem in Sportarten wie Triathlon oder Laufen muss das Training so ausgerichtet sein, dass in erster Linie die Ausdauerfähigkeit trainiert und gesteigert wird. Ausdauer entsteht durch konstantes Training, bei dem der O_2-Transport und ATP-Bildung im Körper verbessert werden (MAREES, 1996).

4.2 Einfluss von Training auf anaerobe/aerobe Energiebereitstellung

Um im Leistungssport Verbesserungen zu erreichen, ist regelmäßiges Training notwendig. Dies hat unter anderem direkten Einfluss auf den Energiestoffwechsel des Organismus. Der ATP-Speicher eines Muskels beträgt rund 5-6 mmol/Kg während der Kreatinphosphat-Speicher 25 mmol/ Kg beträgt (NEUMANN, 1999). Durch Training kann die Kapazität beider Speicher vergrößert werden. Die Vergrößerung des Kreatinphosphat-Speichers ist nach einem Kurzzeit-Intensitätstraining sogar um 20% höher, als nach einem Ausdauertraining. Dies spielt eine große Rolle für die Leistungsfähigkeit eines Sportlers, da die alaktazide Leistungsfähigkeit direkt von der Größe des Kreatinphosphat-Speichers abhängt (NEUMANN, 1999). Ein weiteres Mittel zu dessen Vergrößerung ist die Aufnahme von Kreatin. Jedoch weisen ca. 10% aller Sportler darauf aus bisher unerklärlichen Gründen keine Reaktionen auf (NEUMANN, 1999).

4.3 Leistungsdiagnostik mithilfe der Laktatkonzentration im Blut

In der modernen Sportmedizin sind viele verschiedene Verfahren bekannt, um die Leistungsfähigkeit eines Sportlers festzustellen. Dies ist nötig, um anschließend das Training optimieren zu können.

Neben der maximalen Sauerstoffaufnahme und der Herzfrequenz dient die Laktatkonzentration im Blut als wichtige Messgröße der Leistungsfähigkeit. Es gibt mehrere Ansätze der Leistungsdiagnostik anhand von Laktat. Zum einen kann der Anstieg der Laktatkonzentration bei steigender Be-

lastung analysiert werden. Zur optischen Veranschaulichung wird anschließend aus den Ergebnissen eine sogenannte Laktatkurve erstellt. Zum anderen wird auch oft die Intensität der Belastung
bei einer festgelegten Laktatkonzentration als Messgröße genommen (DICKHUTH et al., 2007).

4.4 HIT-Training

Das „High-Intensity-Training" (dt.: Hoch-Intensitäts-Training), oder auch HIT-Training genannt, ist
ein spezielles Training, welches ursprünglich für Bodybuilder ausgearbeitet wurde. Das Training
setzt sich aus vielen kleinen Intervallen zusammen. Ein Intervall erstreckt sich zwar nur über einen
sehr kurzen Zeitraum, erfolgt dafür aber mit maximalem Kraftaufwand. Somit soll die lokale Muskulatur ihre maximale Leistung vollbringen und sich daran anschließend wieder vollständig erholen
(SCHNABEL et al., 2003). Mehrere Studien haben ergeben, dass dadurch nicht nur die Muskeln
positiv beeinflusst werden, sondern auch die maximale Sauerstoffaufnahme durch dieses spezielle
Training gesteigert wird, da man beim HIT-Training im maximal möglichen Bereich der Sauerstoffaufnahme trainiert (WAHL et al., 2010). Aus diesem Grund wird es ebenfalls in Ausdauersportarten
angewandt. Dem Körper steht mehr Sauerstoff zur Verfügung, was sich auf die Art der Energiebereitstellung auswirkt, da nun die aerobe Bereitstellung ausgeprägter ist und die Laktatproduktion
verlangsamt abläuft. WAHL et al. schreiben ebenfalls, dass sich durch HIT-Training Verbesserungen bei Hochleistungssportlern zeigten, die bei Training im submaximalen Bereich ausblieben. Die
maximale Sauerstoffaufnahme ist zwar nicht direkt mit der Leistungsfähigkeit gleichzusetzen, aber
sie ist dennoch eine wichtige Größe zur Messung von aerober Ausdauerfähigkeit. Des Weiteren ist
zu beachten, dass das HIT-Training einen deutlich geringeren Zeitaufwand benötigt als Ausdauertraining. Während einer HIT-Woche wird beispielsweise nur 10 Wochenstunden trainiert, wie man
dem beigefügten Trainingsplan entnehmen kann. Eine normale Trainingswoche beinhaltet dage-
gen rund 15 Stunden.

5. Messreihen

Um meine Hypothese bestätigen zu können, habe ich an fünf männlichen Sportlern einen Laktat-
Stufentest durchgeführt. Gleichzeitig habe ich die Herzfrequenz gemessen, da deren Reduktion
eindeutig eine Verbesserung der Leistungsfähigkeit zeigt. Die HIT-Trainingswoche hat im Zeitraum
vom 14.2.2012 bis zum 28.2.2012 stattgefunden. Im Folgenden wird der Test genau protokolliert
und die Testergebnisse dargelegt und ausgewertet.
Die Durchführung eines Laktat-Stufentests sieht folgendermaßen aus: Der Sportler läuft ein festge-
legtes Zeitintervall auf einem Laufband bei einer niedrigen Startgeschwindigkeit. Nach diesem Zeitintervall wird der Laktatwert bestimmt, indem mit Hilfe von Glaskapillaren eine kleine Menge arteri-
alisiertes Kapillarblut vom Ohrläppchen entnommen wird. Die Durchblutung des Ohrläppchens
sollte vorher durch eine Wärmesalbe gesteigert werden (DICKHUTH et al., 2007). Nun wird dieser
Vorgang mehrmals wiederholt, wobei die Belastung jeweils um einen konstanten Wert erhöht wird.
Nach jeder Stufe wird erneut eine Blutprobe entnommen. Dies erfolgt, bis die maximal mögliche

Belastung des Läufers erreicht ist. Im Labor werden aus den Blutproben dann die jeweiligen Laktatwerte ermittelt (DICKHUTH et al., 2007).

5.1 Probanden und Trainingsplan

Die fünf Probanden 1,2,3,4 und 5 sind alle männlich und im Alter zwischen 15 und 19 Jahren. Die durchschnittliche Körpergröße beträgt 175,8cm (164cm-184cm) und das durchschnittliche Gewicht aller Probanden beläuft sich auf 70kg (61kg-77kg). Jeder einzelne hat während der gesamten HIT-Trainings-Woche regelmäßig am Training teilgenommen. Die Trainingspläne der HIT-Woche und der Ruhewoche sind im Anhang beigefügt.

5.2 Protokoll

Die Messungen fanden am 14.2.2012 (1. Messreihe) und am 28.2.2012 (2. Messreihe) im Sportpark Nord Bonn statt. Es wurde ein klassischer Stufentest durchgeführt. Hierzu habe ich ein Laufband mit Herzfrequenzmesser, einige Glaskapillare und eine Stoppuhr benutzt. Als Anfangsgeschwindigkeit wurde das Laufband auf 2,8 m/s eingestellt, was einer Zeit von 5,9 Minuten auf eine 1000m-Strecke entspricht. Die Belastungsdauer betrug 5 Minuten pro Stufe. Bei jeder Stufe wurde die Geschwindigkeit des Laufbandes um 0,4 m/s erhöht. Dieser Vorgang wurde solange wiederholt, bis der jeweilige Proband sein Maximum an Leistung erreicht hat. Nach jedem Belastungsintervall wurde den Probanden mit einem Glaskapillar Blut aus dem Ohrläppchen entnommen. Die Probanden wurden einzeln nacheinander getestet.

Nun folgten eine Woche HIT-Training und danach eine Ruhewoche, in der das Training nur ruhig und in geringem Umfang ausgeführt wurde. Eine Ruhewoche ist notwendig um dem Körper eine Erholung zu gewähren. Nach dieser Ruhewoche, also insgesamt 14 Tage nach der ersten Messung, fand die zweite Messung statt, die genauso verlief wie die erste. Die Blutproben wurden in der Sporthochschule Köln analysiert.

5.3 Test-Ergebnisse

In den folgenden Tabellen sind die Laktatwerte der einzelnen Probanden dargestellt, die vor und nach dem HIT-Training entnommen worden sind.

Tabelle 1 zeigt die Ergebnisse vor dem 7-tägigen HIT-Training, also der Messreihe 1. Die Herzfrequenz und der Laktatwert jedes einzelnen Probanden werden darin dargestellt, ebenso die Mittelwerte aller Probanden[2].

Tabelle 2 zeigt die Laktatwerte der Probanden nach der absolvierten HIT- Woche und einer anschließenden Ruhewoche. Sie ist identisch aufgebaut wie die Erste.

---

[2] Ich habe mich in meinen Messungen auf eine Probandenanzahl von n=5 festgelegt, da der Aufwand für eine größere Anzahl an Probanden den Rahmen dieser Arbeit übersteigen würde. Trotzdem ist die statistische Signifikanz der Werte meiner Meinung nach ausreichend. Weiterhin können bei der Laktatbestimmung Messfehler entstehen. Diese sind jedoch im vorliegenden Fall so gering, dass die Ergebnisse nicht verfälscht werden.

Anschließend habe ich auf diese Werte aufbauend zwei Diagramme erstellt. In Diagramm 1 ist die durchschnittliche Herzfrequenz aller Probanden vor und nach dem HIT-Training dargestellt. In Diagramm 2 kann man den durchschnittlichen Laktatgehalt im Blut der Probanden sehen. Da jeweils beide Kurven in einem Diagramm zusammengefasst sind, lassen sich die Veränderungen vor und nach der HIT-Trainingswoche direkt ablesen.

Proband		1		2		3		4		5		Mittelwert	
		HF	Laktat	HF	Laktat	HF	Laktat	HF	Laktat	HF	Laktat	MW_HF	MW_La
Stufe in m/s	2,8	128	1,68	118	1,44	133	1,88	121	1,47	141	2,31	128,2	1,76
	3,2	136	1,26	138	1,56	151	1,94	130	1,33	156	3,58	142,2	1,93
	3,6	149	1,36	150	2,51	165	2,04	151	2,18	171	4,36	157,2	2,49
	4,0	162	2,43	164	3,87	186	5,93	167	2,86	188	7,72	173,4	4,56
	4,4	174	4,94	174	5,69	196	7,59	184	3,21	201	9,11	185,8	6,11
	4,8	189	8,32	183	6,42			196	4,3			189,3	6,35
	5,2												

(HF=Herzfrequenz in Schläge/Min; Laktat in mmol/L)

Tabelle 1: Laktatwerte und Herzfrequenzen sowie deren Mittelwerte vor dem HIT-Training.

Proband		1		2		3		4		5		Mittelwert	
		HF	Laktat	HF	Laktat	HF	Laktat	HF	Laktat	HF	Laktat	MW_HF	MW_La
Stufe in m/s	2,8	126	1,7	124	1,61	130	2,16	116	1,26	132	2,14	125,6	1,77
	3,2	136	1,33	140	1,8	152	1,57	122	1,3	149	2,05	139,8	1,61
	3,6	147	1,36	148	2,69	160	1,82	142	1,28	161	4,11	151,6	2,25
	4,0	155	2,26	148	3,66	174	4,21	157	2,12	183	6,48	163,4	3,75
	4,4	170	4,29	177	5,42	189	6,43	170	3,64	196	8,42	180,4	5,64
	4,8	187	7,21	180	6,34	196	8,42	189	5,42			188,0	6,85
	5,2			191	9,64			201	7,61			196,0	8,63

(HF=Herzfrequenz in Schläge/Min; Laktat in mmol/L)

Tabelle 2: Laktatwerte und Herzfrequenzen sowie deren Mittelwerte nach dem HIT-Training und der Ruhewoche.

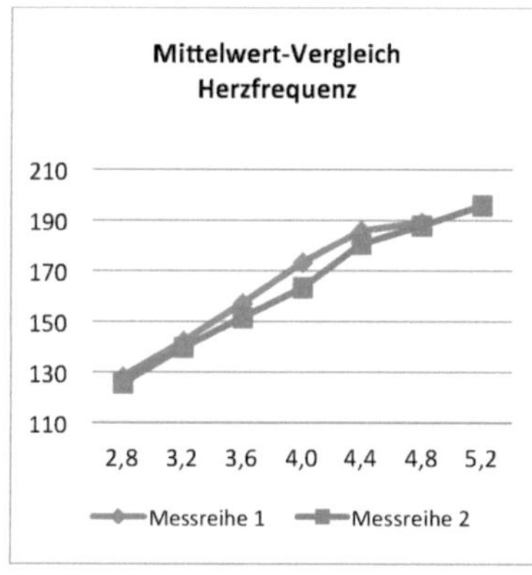

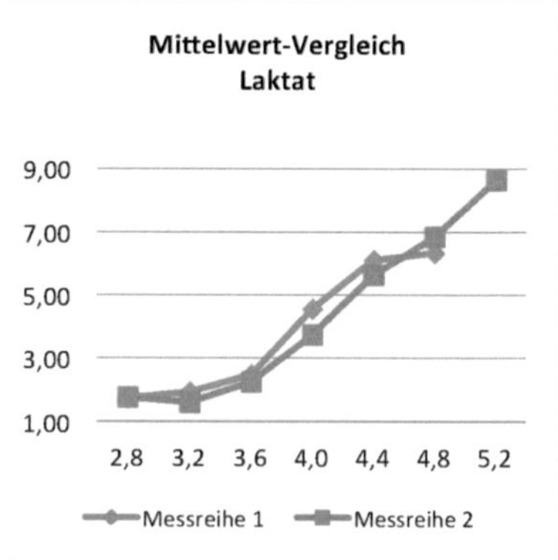

Diagramm 1: Vergleich der HF-Mittelwerte   Diagramm 2: Vergleich der Laktat-Mittelwerte

6. Auswertung

Anhand dieser Messergebnisse und den damit erstellten Diagrammen lassen sich verschiedene Rückschlüsse über den Einfluss des HIT-Trainings auf den Laktatgehalt im menschlichen Blut und somit ebenfalls auf die Effektivität von HIT-Training und dessen Auswirkung auf die Leistungsfähigkeit der Sportler ziehen.

Zu Beginn sollen nun die durchschnittlichen Werte und Wertveränderungen betrachtet werden. Man kann anhand von Diagramm 2 deutlich erkennen, dass sich die Werte verändert haben. Die Kurve der zweiten Messung verläuft zwischen 2,3 m/s und 4,4 m/s unterhalb der Kurve der ersten Messung. Außerdem beginnt sie erst später zu steigen, nämlich ab 3,2 m/s, während die Kurve der ersten Messung von Anfang an steigt. Erst bei einer Geschwindigkeit von 4,8 m/s überkreuzt sie die andere Kurve, was bedeutet, dass ab diesem Zeitpunkt mehr Laktat produziert wurde als vor dem HIT-Training bei derselben Belastung. Außerdem ist auffällig, dass die Probanden 2, 3, und 4 bei der zweiten Messreihe noch eine Belastungsstufe mehr absolvieren konnten als zuvor. Es wurde sogar eine Geschwindigkeit von 5,2 m/s erreicht, was einer Dauer von 3,2 Minuten auf einer 1000m Strecke entspricht.

Wie zuvor erläutert ist eine niedrige Laktatkonzentration bei bestimmter Leistung ein Hinweis auf eine hohe Leistungs- und Ausdauerfähigkeit. Wenn also bei derselben vollbrachten Leistung weniger Laktat produziert worden ist als zuvor, bedeutet dies, dass sich die Leistungsfähigkeit verbessert haben muss. Da sich, wie die Werte zeigen, nach dem HIT-Training zwischen der zweiten und vierten Belastungsstufe die Laktatkonzentration verringert hat, wird deutlich, dass im Mittel die aerobe Energiebereitstellung aller Probanden länger angehalten hat als zuvor. Daher setzte nun die Laktatproduktion später ein. Des Weiteren ist zu erkennen, dass drei der fünf Probanden im zweiten Durchlauf länger der Belastung standhalten konnten. Dies kann dadurch erklärt werden, dass die Muskulatur nun erst zu einem späteren Zeitpunkt übersäuert wird, da nicht mehr so viel Laktat anfällt wie zuvor.

Dass sich die Leistungsfähigkeit tatsächlich verbessert hat, unterstützen auch die Werte der Herzfrequenzmessung. Die Kurve der durchschnittlichen Herzfrequenz nach dem HIT-Training verläuft ebenfalls unterhalb der der ersten Messreihe und weist eine geringere Steigung auf. Es ist bekannt, dass die Herzfrequenz von trainierten Sportlern in der Regel niedriger ist, als die von untrainierten Personen. Da hier alle Werte der Herzfrequenzmessung zurückgegangen sind, wird deutlich, dass sich die Probanden verbessert haben müssen.

Die positive Auswirkung auf die Laktatbildung durch HIT-Training lässt sich dadurch erklären, dass die anaerob-laktazide Energiebereitstellung erst später vollständig einsetzt und der Körper länger auf aerobem Weg die nötige Energie liefern kann. Durch das HIT-Training wird die maximal mögliche Sauerstoffaufnahme vergrößert. Somit steht dem Körper nun mehr Sauerstoff zur Verfügung. Außerdem müssen sich der Kreatinphosphatspeicher und der ATP-Speicher vergrößert haben, da diese nun mehr Energie bereitstellen als zuvor.

6.1 Rückschlüsse auf das Training

Anhand dieser Ergebnisse kann man sehen, dass das HIT-Training sinnvoll ist und auch im Bereich des Ausdauersports Verbesserungen bewirkt. Die maximale Sauerstoffaufnahme sowie der Kreatinphosphat- und ATP-Speicher haben sich durch dieses Training vergrößert und die Laktatproduktion und somit die Energiebereitstellung auf anaerob-laktazidem Weg setzt nun erst zu einem späteren Zeitpunkt ein. Es ist möglich, durch sieben Tage HIT-Training eine Leistungsverbesserung zu erzielen und belastungsfähiger zu werden.

6.2 Hypothese begründet?

Im Hinblick auf die oben aufgeführten Ergebnisse und Auswertungen sehe ich meine Hypothese als bestätigt. Die Laktatkurve der Mittelwerte aller Probanden verläuft nach dem HIT-Training niedriger zuvor und steigt langsamer. Somit hat sich also die Leistung der Probanden verbessert, was die geringer gewordene Laktatproduktion und die Herzfrequenz nahelegen.

Um quantitativ genau zu bestimmen, welcher Anteil der Leistungsverbesserung durch das normale Training vor den Messungen und welcher Anteil durch das HIT-Training bewirkt wurde, wären weitere Testreihen notwendig, die jedoch weit über den Rahmen einer Facharbeit hinausgehen würden.

7. Zusammenfassung

Aus der Auswertung dieser Messungen der Laktatkonzentration im Blut von fünf Triathleten vor und nach sieben Tagen HIT-Training geht hervor, dass sich die Leistungsfähigkeit der Probanden positiv verändert hat. Die aerobe Oxidation verläuft nun über einen längeren Zeitraum als vor dem HIT-Training, da sich die maximale Sauerstoffaufnahmefähigkeit vergrößert hat und den Sportlern dadurch mehr Sauerstoff zur Verfügung steht. Somit kann die aerobe Energiebereitstellung länger abgedeckt werden. Die Messwerte legen den Schluss nahe, dass die Laktatproduktion nun erst zu einem späteren Zeitpunkt einsetzt. Dies wirkt sich positiv auf die Ausdauerfähigkeit der Sportler aus und zeugt davon, dass sie leistungsfähiger geworden sind. In drei von fünf Fällen hat sich die maximale Leistung der Probanden sogar um eine Stufe verbessert.

Abschließend kann man sagen, dass das HIT-Training eine Verminderung der Laktatkonzentration im Blut bewirkt. Somit erweist sich das HIT-Training als effektiv für Ausdauersportler. Bereits nach sieben Tagen dieser Art von Training lässt sich bei Belastung eine geringere Laktatkonzentration im Blut feststellen.

8. Literaturverzeichnis

Bücher:

DICKHUTH, H.-H/ MAYER, F./RÖCKER, K./BERG, A. (Hrsg.) (2007): Sportmedizin für Ärzte.- Köln (Deutscher Ärzte Verlag), 636 S.

KEUL, J./DOLL, E./KEPPLER, D. (1969): Muskelstoffwechsel. - München (Barth), 247 S.

LÖFFLER/PETRIDES/HEINRICH (Hrsg.) (2007):Biochemie & Pathobiochemie. 8. Auflage - Heidelberg (Springer Medizin Verlag), 1263 S.

MAREES, H. (1996): Sportphysiologie. - Köln (Sport und Buch Strauss), 540 S.

NEUMANN, G. (1999): Optimiertes Ausdauertraining. 2. Auflage - Aachen (Meyer und Meyer),321 S.

SCHNABEL, G./HARRE, D./KRUG, J./BORDE, A. (Hrsg.) (2003^{3}): Trainingswissenschaft: Leistung-Training-Wettkampf. - München (Sportverlag Berlin), 528 S.

Zeitschriftenartikel:

WAHL, P./HÄGELE, M./ZINNER, C./BLOCH, W./MESTER, J. (2010): High-Intensity-Training (HIT) für die Verbesserung der Ausdauerleistungsfähigkeit im Leistungssport - Schweizerische Zeitschrift für Sportmedizin und Sporttraumatologie **58** (4), 125–133.

KREBS, H./JOHNSON, W. (1937): The role of Citric Acid in Intermediate Metabolism in Animal Tissues. – Enzymologia 4, S.148-S.156

9. Anhang

Trainingsplan:

Tag	Uhrzeit	Training	Dauer
Montag	17:30	Athletik	1:00h
	19:00	Schwimmen HIT	45min
Dienstag	06:00	Schwimmen HIT	45min
	17:00	Laufen HIT	45min
Mittwoch	18:30	Rad HIT	45min
Donnerstag	06:00	Schwimmen HIT	45min
	17:00	Laufen HIT	45min
Freitag	selbstständig	Athletik	1:00h
Samstag	10:00	Laufen HIT	45min
	12:30	Schwimmen HIT	45min
Sonntag	14:00	Rad HIT	45min

Trainingsplan der HIT-Woche

Tag	Uhrzeit	Training	Dauer
Montag	17:30	Athletik	1:00h
Dienstag	19:00	Schwimmen	1:00h
Mittwoch	18:30	Rad	45min
Donnerstag	17:00	Laufen	1:00h
Freitag	18:30	Athletik	30min
	19:00	Schwimmen	1:00h
Samstag	12:30	Schwimmen	30min
Sonntag	14:00	Laufen	3min

Trainingsplan der Ruhewoche